CSEE-SP11-2018-B6

国家风光储输示范工程

储存风光 输送梦想

认识设备

中国电机工程学会
北京电机工程学会 ◎组编

中国电力出版社
CHINA ELECTRIC POWER PRESS

图书在版编目（CIP）数据

认识设备 / 中国电机工程学会，北京电机工程学会组编. — 北京：中国电力出版社，2018.9

（国家风光储输示范工程　储存风光　输送梦想）

ISBN 978-7-5198-2033-6

Ⅰ. ①认…　Ⅱ. ①中…　②北…　Ⅲ. ①新能源－发电－电力工程－工程技术　Ⅳ. ① TM61

中国版本图书馆 CIP 数据核字（2018）第 093819 号

出版发行：中国电力出版社
地　　址：北京市东城区北京站西街 19 号（邮政编码 100005）
网　　址：http://www.cepp.sgcc.com.cn
责任编辑：何　郁（010-63412302）
责任校对：黄　蓓　常燕昆
装帧设计：锋尚设计
责任印制：蔺义舟

印　刷：北京盛通印刷股份有限公司
版　次：2018 年 9 月第一版
印　次：2018 年 9 月北京第一次印刷
开　本：710 毫米 ×980 毫米　16 开本
印　张：3.25
字　数：55 千字
定　价：25.00 元

国家风光储输示范工程
储存风光　输送梦想
编委会

认识设备

编委会

前言

高度重视科学普及，是习近平总书记关于科学技术的一系列重要论述中一以贯之的思想理念。2016年，习近平总书记在“科技三会”上发表重要讲话，强调“科技创新、科学普及是实现创新发展的两翼，要把科学普及放在与科技创新同等重要的位置”。

电力是关系国计民生的基础产业，电力供应和安全事关国家安全战略和经济社会发展全局。电力科普是国家科普事业的重要组成部分。当前，电力工业发展已进入以绿色化、智能化为主要技术特征的新时期，电力新技术不断涌现，公众对了解电力科技知识的需求也不断增长。《国家风光储输示范工程　储存风光　输送梦想》科普丛书由中国电机工程学会、北京电机工程学会共同组织编写，包括电力行业知名专家学者、工程管理人员、一线骨干技术人员在内的100余位撰稿人、80余位审稿人参与编撰，是我国乃至世界第一套面向公众，全面介绍风光储输“四位一体”新能源综合开发利用的科普丛书。

本套丛书以国家风光储输示范工程为依托，围绕公众普遍关注的新能源发展与消纳、能源与环保等热点问题，用通俗易懂的语言精准阐述科学知识，全方位展现风力发电、光伏发电、储能、智能输电等技术，客观真实地反映了我国新能源技术发展的科技创新成果，具有很强的科学性、知识性、实用性和可读性，是中国电机工程学会和北京电机工程学会倾力打造的一套科普精品丛书。

“不积小流，无以成江海”。希望这套凝聚着组织策划、编撰审校、编辑出版众多工作人员辛勤汗水和心血的科普丛书，能给那些热爱科学，倡导低碳、绿色、可持续发展的人们惊喜和收获。展望未来，电机工程学会要继续认真贯彻习近平总书记关于科普工作的指示精神，切实增强做好科普工作的责任感、使命感，以电力科技创新为引领，以普及电力科学技术为核心，编撰出版更多的电力科普精品图书，为电力行业创新发展，为提高全民科学素质作出新的更大贡献！

郑宝森

2018年6月

目录 | CONTENTS

捕风的汉子——风力发电机组

当我们驱车行驶在张北广袤的坝上草原时，那些点缀在绿色原野上的白色“大风车”就是“捕风的汉子”——风力发电机组（简称风电机组）。“高挑的”风电机组为什么在大风中屹立不倒？为什么风电机组有两叶片的也有三叶片的？风越大，风电机组发电效率就越高吗？风向不定，风电机组如何“捕风”呢？风电机组出现故障了怎么办？风电机组那么高，不怕雷击吗？要回答这些问题，就让我们走进风电场，近距离了解这位“捕风的汉子”吧！

挺拔伟岸显神威

远远望去，风电机组由叶片、轮毂、机舱、塔架等构成。叶片与轮毂构成风轮。风吹动叶片，驱动风轮转动，带动机舱内的发电机发电。

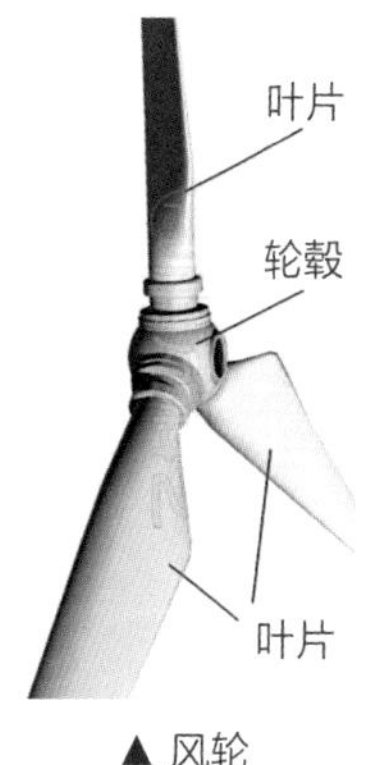

▲ 风轮

▲ 风电机组外形图

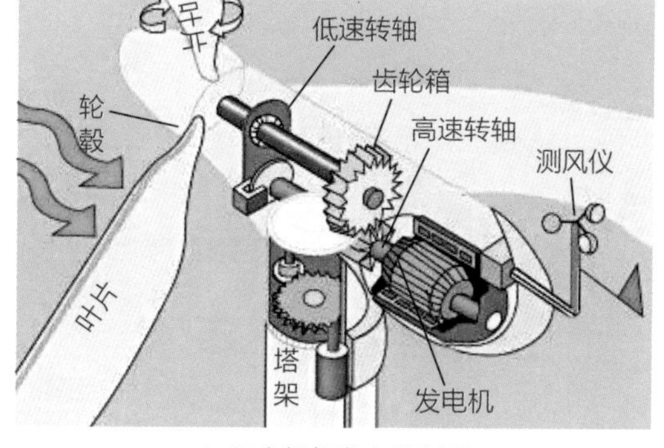

▲ 风电机组发电示意图

知识链接

风电机组风轮转速一般在每分钟15圈左右，风轮转一圈的发电量是由机组容量确定的。以2兆瓦风电机组为例，它的容量为2000千瓦，满发1小时即发2000度电（1度电=1千瓦·时），每分钟发33.3度电（2000/60=33.3），风轮转一圈发2.2度电（33.3/15=2.2）。

风电机组发出的电力，经机组变压器升压至10千伏或35千伏，再通过风电场内的集电线路接入风电场升压变电站，升至更高的电压等级，最后送至电网。

▲ 安装在风电机组附近的机组变压器

▲ 用于将风电机组发出的电力输送至升压变电站的集电线路，集电线路主要由输电杆塔、输电线、绝缘子等组成

屹立不倒的坚强后盾

风电机组能在野外狂风暴雨下屹立不倒，是因为它具有坚实的基础和塔架。

▲ 完工的风电机组基础，预留基础环部分将安装塔架

风电机组基础位于地下，是与风电机组塔架连接，支撑风电机组的钢筋混凝土构筑物。它的中心预先安置与塔架连接的基础环，保证将风电机组牢牢固定在钢筋混凝土基础上。

大型风电机组塔架安装在风电机组基础上，将风轮、机舱固定在85~100米，甚至100多米的高度，以使风轮获取较平稳的风能。因为距离地面越高，空气流动性越好，风速越大。

塔架支撑着风轮、机舱的重量，承受着来自叶片的水平风力荷载，设备运转的动力荷载以及各种复杂的交变荷载，并把这些设备的重量和各种荷载传递到地下的基础。

知识链接

荷载又称载荷或荷重，它是施加在工程结构上使工程结构或构件产生受力效应的各种性质的外力的统称。确定它是开展工程结构分析和工程设计的基本前提。

塔架和机舱里别有洞天

大型风电机组塔架一般由三节或四节塔筒组合而成。塔筒直径自下而上逐渐减小。塔架里面是中空的，塔架最下面安装塔门，方便风电机组维修人员进出，塔架内有爬梯、塔内平台、电缆架、照明设备等设施，有的还配备电动升降机，方便机组检修人员上下塔架，到机舱检修、维护设备。

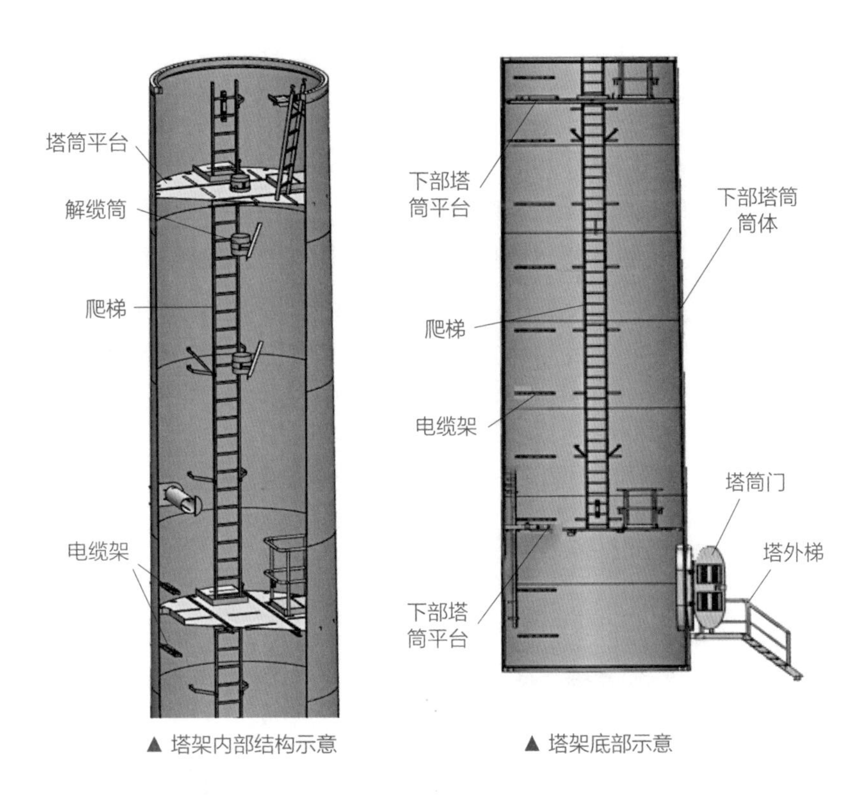

▲ 塔架内部结构示意　▲ 塔架底部示意

大型水平轴风电机组机舱里主要布置传动系统和发电机。传动系统负责将风轮旋转得到的动力传递给发电机发电，主要有齿轮箱型结构和无齿轮箱的直驱式结构两种形式。

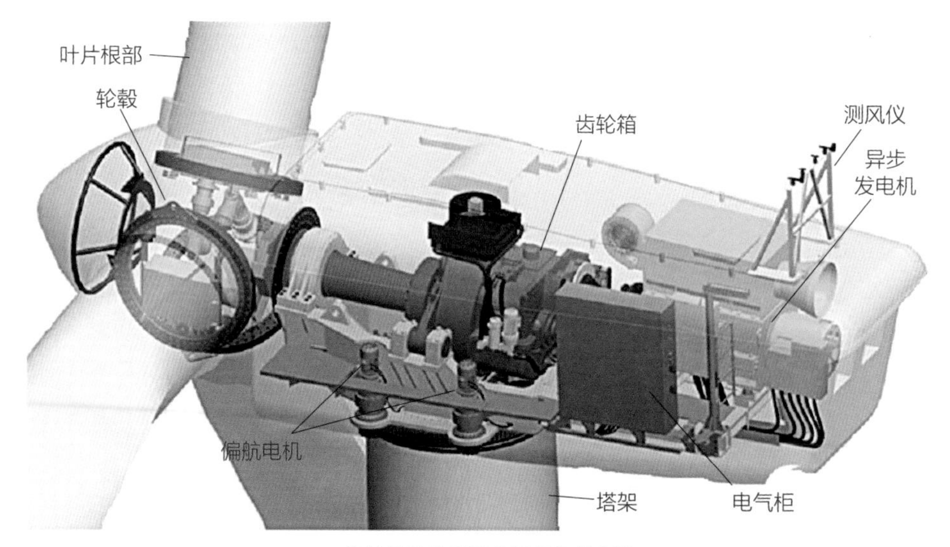

▲ 齿轮箱传动型风电机组机舱布置

齿轮箱传动型风电机组机舱中布置的齿轮箱也叫增速箱，通过齿轮箱的增速作用使异步发电机达到发电所要求的转速，此种结构适应风速变化能力较强。

对于无齿轮箱的直驱式风电机组，风轮旋转直接驱动机舱内的同步发电机，此种结构能适应较大的风速变化，发电机的转速低、结构简单、尺寸较大。

对于相同装机容量的风电机组，齿轮箱型风电机组的机舱比直驱式风电机组的尺寸大一些，这是因为它在机舱中布置了齿轮箱。

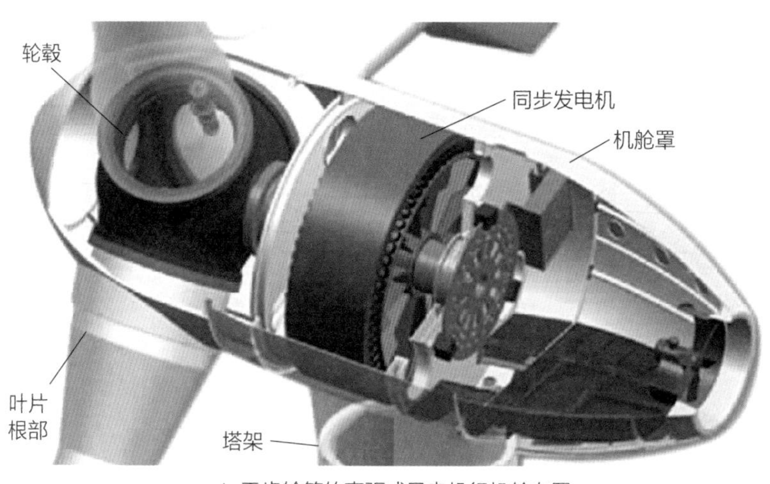

▲ 无齿轮箱的直驱式风电机组机舱布置

随机应变的“大个子”

风电场中，风电机组的风轮直径长达几十米。然而，这个“大个子”很灵活，能够始终处于迎风状态，以便捕获更多的风能，就像小朋友玩的风车，顶着风才转得最快。风电机组用偏航系统来解决风向不时发生变化的问题。

▲ 静止的小风车

▲ 侧对风向转动的小风车

▲ 正对风向（顶风）转动的小风车

当风向发生变化时，机舱上的测风仪将风的信息输入风电机组的“大脑”——控制系统，控制系统计算风向与机舱方向所在位置的角度差，将包含角度差和转动方向的动作指令发送给偏航电机，偏航电机运转并通过偏航减速器、小齿轮偏航轴承组成的传动机构带动机舱转动，直至转动到指令位置停止，之后偏航轴承锁死，防止机舱受力不均随意转动，造成设备损坏。

偏航系统

水平轴风电机组中，根据控制系统指令在风向变化时驱动机舱和风轮绕塔架中心线水平旋转的系统。其功能是保证风电机组在运行中风轮扫风面始终处于迎风状态，使风轮保持最大的功率输出。

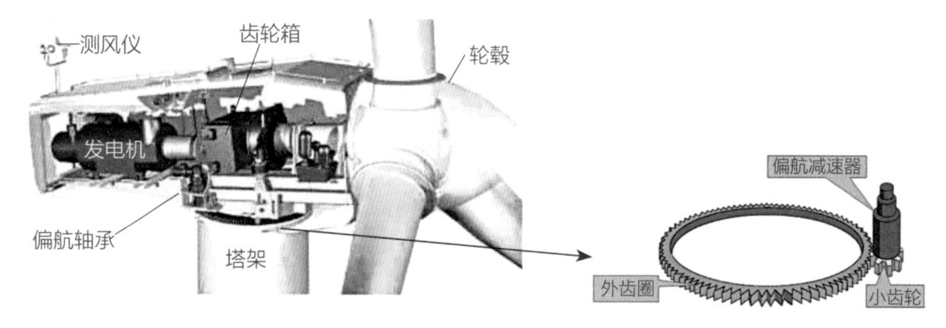

▲ 风电机组偏航结构示意

风不仅来自四面八方，而且时大时小，风电机组如何应对呢？这就要依靠风电机组的变桨系统，变桨系统控制叶片自身沿其轴线转动，使风轮更高效地利用风能，就像我们划船的过程中，若想让船快速行驶，船桨就要垂直水面划动，获得最大的动力；若想让船慢速行驶，可使船桨稍倾斜于水面划动，以获得稍小的动力。

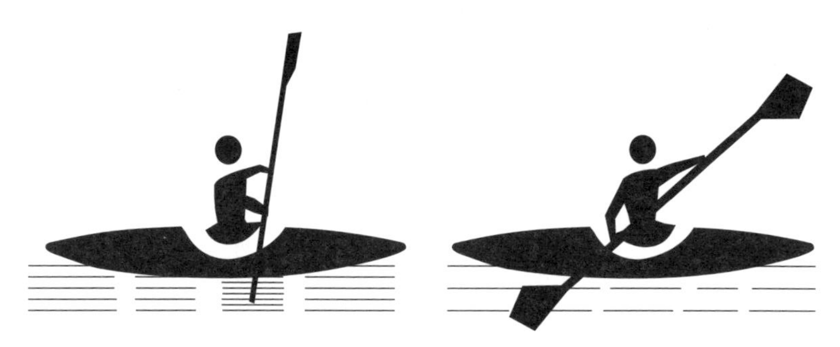

▲ 船桨垂直水面划动　快速行驶　　▲ 船桨稍倾斜于水面划动　慢速行驶

在风电场，大多数风电机组的启动风速为3米/秒，也就是说，3级风就可以使风电机组启动发电了。风电机组满载发电的风速范围为10~13米/秒，也就是日常说的6~7级风速。对风电机组来说，并不是风越大越好，超过了风电机组的运行风速上限25米/秒，也就是9级风，尤其是遭遇龙卷风、台风时，风电机组就要刹车停止运行，避免发生机组部件损坏事故。

三叶片独领风骚

我们看到的风电机组形式多样，风轮有垂直转动的，也有水平转动的，有两叶片的，也有三叶片的。

垂直轴风电机组的风轮旋转轴与地面垂直，它在风向改变的时候无需偏航对风，而且结构设计简单，启动风速低、方便安装。大容量垂直轴风电机组刹车极难，当遭遇9级及以上强风时，如强制刹车，将会造成因载荷过大而损坏设备的后果。因此，垂直轴风电机组都是低于兆瓦级的小型风电机组，适合用作路灯或供农牧民家庭应用。

水平轴风电机组的风轮旋转轴与水平地面基本平行。两叶片型水平轴风电机组在结构上要比三叶片机组简单，但在综合了发电效率、技术成熟度、制造及维护成本等因素后，风电场中，三叶片水平轴风电机组最终成为商业化风电机组的最优选择。

▲ 垂直轴风电机组与光伏发电面板一起为路灯供电

▲ 两叶片水平轴风电机组

▲ 三叶片水平轴风电机组

电闪雷鸣泰然处之

风电机组高高耸立，叶片是整个风电机组中最高的部件，也成为最易遭受雷击的部位。为了避免风电机组叶片被雷击而损坏，在叶片内部安装了接闪器，雷击电流自接闪器通过引下线，自轮毂进入机舱的主机架，在机舱上面也安装了避雷针，连上主机架，再通过金属塔架向下引入风电机组基础周围埋设的接地网，最终将雷击电流导入大地，有效避免风电机组遭到雷击，从而保证风电机组安全运行。

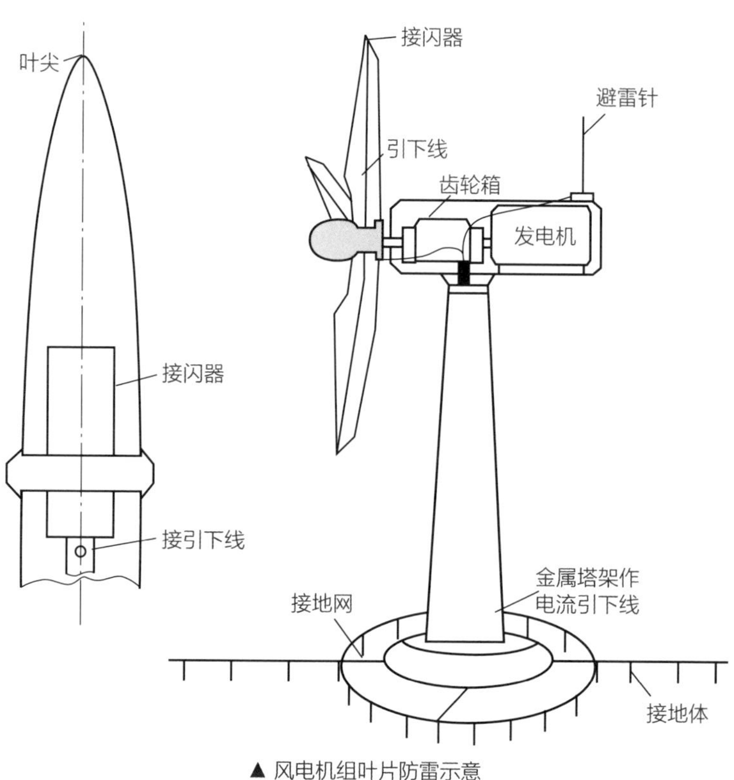

▲ 风电机组叶片防雷示意

问与答

问题1：风电机组的风轮转一圈能发多少电？

答：风电机组风轮转速一般在每分钟15圈左右，风轮转一圈的发电量是由机组容量确定的。以2兆瓦风电机组为例，它的容量为2000千瓦，满发1小时即发2000度电（1度电=1千瓦·时），每分钟发33.3度电（2000/60=33.3），风轮转一圈发2.2度电（33.3/15=2.2）。按一个家庭每天用10度电计算，风轮转5圈就能满足这个家庭一天的用电量。

问题2：为什么绝大部分风电场采用三叶片水平轴风电机组，而不采用两叶片水平轴风电机组？

答：虽然两叶片水平轴风电机组在结构上要比三叶片机组简单，但在综合了发电效率、技术成熟度、制造及维护成本等因素后，最终三叶片水平轴风电机组成为商业化风电机组的最优选择。

问题3：为什么相同装机容量的风电机组的机舱有大有小？

答：不同类型的风电机组即使装机容量相同，机舱大小也不相同，风电场常见的机组主要是无齿轮箱的直驱式风电机组和齿轮传动型双馈式风电机组。直驱式风电机组的发电机由风轮直接驱动发电机发电；齿轮传动型双馈式风电机组通过齿轮箱增速后驱动发电机发电，因此，装机容量相同的机组，齿轮传动型双馈式风电机组机舱体积比直驱式风电机组大一些。

烈日娇娃
——太阳能光伏
发电设备

走进国家风光储输示范工程，登高望远，眼前那一片蓝色的海洋是由一片片太阳能电池组成的发电装置，这也是太阳能光伏电站的标志性装置。

太阳能是靠什么转化成电能的？光伏面板上落上灰尘怎么办？能否让光伏面板像向日葵一样围绕着太阳转动呢？让我们走近太阳能光伏发电设备一探究竟吧。

蓝色的魔法精灵——太阳能电池

太阳能电池是通过接收阳光来发电的装置，它是由具有光伏效应的半导体材料制作的。

自1954年美国贝尔实验室研制成功第一块实用硅太阳能电池以来，科学家和工程师一直在寻找合适廉价的原材料，开发经济实用的制造技术来生产太阳能电池。如今，我们能看到多种多样的太阳能电池。太阳能电池的品种主要有单晶硅太阳能电池、多晶硅太阳能电池、硅薄膜太阳能电池、铜铟镓硒薄膜太阳能电池、碲化镉薄膜太阳能电池、砷化镓化合物基太阳能电池、有机太阳能电池、染料敏化太阳能电池、钙钛矿型材料太阳能电池等。

单晶硅、多晶硅太阳能电池应用于大型太阳能光伏电站、屋顶光伏系统、太阳能路灯、庭院灯等，是使用最广泛的太阳能电池。

硅薄膜、铜铟镓硒、碲化镉薄膜太阳能电池具有较好的外观，适合用于光伏建筑一体化。柔性薄膜太阳能电池适合作为便携式电源使用。

砷化镓化合物基太阳能电池主要应用在航空航天领域。

光伏效应

1839年，法国物理学家亚历山大·埃德蒙·贝克勒尔意外发现，两片金属浸入到一种酸或一种碱溶液中，构成伏打电池，将它暴露在阳光照射下，电路中产生了额外的电动势，他把这种现象称为光生伏打效应，简称光伏效应。后来，人们发现很多半导体材料（比如硅）同样具有光伏效应，就利用半导体材料的光伏效应开发出各类太阳能电池。

有机太阳能电池、染料敏化太阳能电池和钙钛矿型材料太阳能电池仍处于研究开发过程中，尚未大规模商业化应用。

▲ 单晶硅太阳能电池

▲ 多晶硅太阳能电池

▲ 铜铟镓硒薄膜太阳能电池

▲ 碲化镉薄膜太阳能电池

▲ 砷化镓化合物基太阳能电池

知识链接

美国“先锋1号”人造卫星

1958年3月17日，第二颗美国人造卫星“先锋1号”在佛罗里达州卡纳维拉尔角空军基地发射成功。“先锋1号”的外壳由铝合金构成，直径只有15.2厘米，卫星重量仅有1.470千克，它携带了一个10毫瓦的水银电池和一个5毫瓦的附着在卫星上的单晶硅太阳能电池。这款单晶硅太阳能电池是卫星上的无线电发射器的电源。这是太阳能电池在太空领域的首次应用。自此以后，太阳能电池作为空间电源，在通信、广播、气象、资源探查、科学研究以及宇宙开发等方面做出贡献。

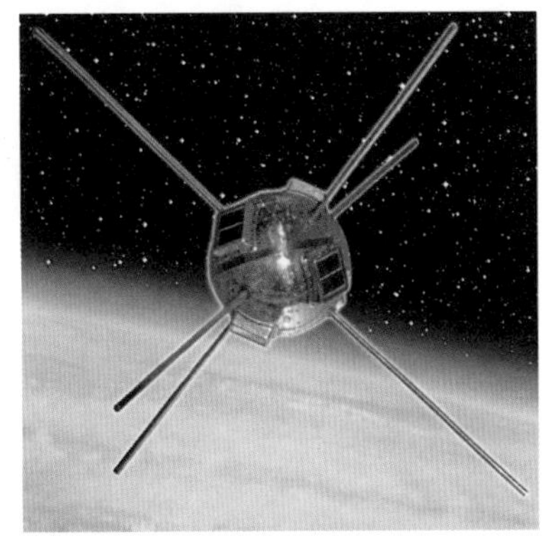

▲“先锋1号”人造卫星（美国国家空间科学数据中心提供，摘自 https：//commons.wikimedia.org/w/index.php?curid=37862277）

工程师们除了想方设法开发高性能、低成本的太阳能电池，还利用聚光器将太阳光聚集到很小的高性能太阳能电池表面上，通过提高单位面积上的太阳辐照强度来提高单位面积太阳能电池的输出功率，同时在一定程度上降低昂贵的太阳能电池材料的使用量。这种发电方式称为聚光光伏发电。相对于传统的光伏发电，聚光光伏发电更节省土地资源，在相同面积条件下能提供更多的电力。聚光器的倍数可以从几倍、几十倍到几百上千倍不等，这取决于所采用的聚光器及太阳能电池的种类。聚光倍数小于100的称为低倍聚光，通常使用单晶硅太阳能电池；聚光倍数达到300至1000的称为高倍聚光，通常采用高性能、高成本的砷化镓化合物基太阳能电池。

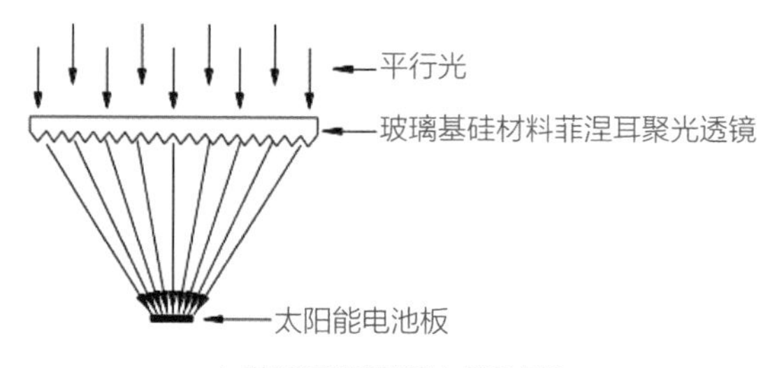

▲ 菲涅耳透镜透射式聚光器

神奇的组合装置——太阳能光伏组件

无论是民用的屋顶光伏发电系统，还是光伏电站，都配备了太阳能光伏发电的核心装置——太阳能光伏组件，俗称太阳能电池板或光伏面板。

无论是结实平直的刚性光伏组件还是弯曲纤薄的柔性光伏组件，都是由太阳能光伏发电核心装置太阳能电池构成的。

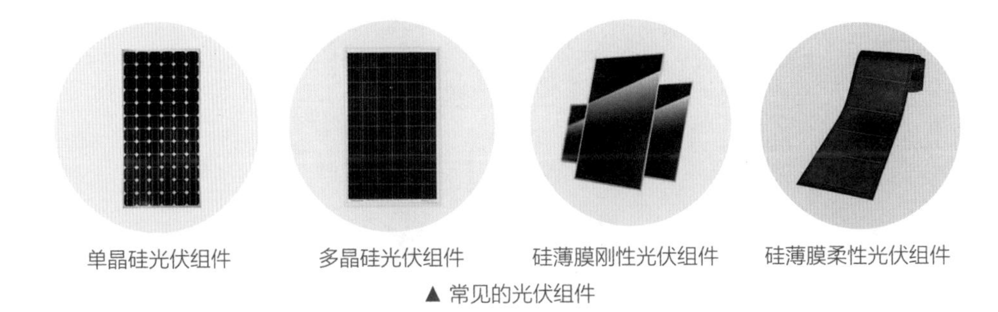

单晶硅光伏组件　多晶硅光伏组件　硅薄膜刚性光伏组件　硅薄膜柔性光伏组件

▲ 常见的光伏组件

知识链接

家用屋顶光伏发电系统容量

以一个4口之家为例，家庭用电主要用于照明、电视、电脑、网络、空调、洗衣机、烧水、做饭等，一般每天用电量不会超过10千瓦·时。按每天用电10千瓦·时，1000瓦/米^{2}的太阳辐照强度4小时计算，需要安装功率为2.5千瓦的光伏发电系统，即这个家庭的屋顶光伏发电系统容量为2.5千瓦。

▲ 在西班牙巴塞罗那市中心，安东尼·高迪设计的米拉之家屋顶上的单晶硅光伏组件为屋顶景观照明提供电力

▲ 这栋房屋的屋顶太阳能光伏发电系统是由一块块多晶硅光伏组件组合而成的

太阳能电池输出功率在数值上等于它产生的电流乘以电压。单个太阳能电池片产生的电流太小、电压太低，输出功率很小，因此生产厂家将若干个太阳能电池片先串联提高输出电压，再并联提高输出电流，并经过严密的封装制成光伏组件，最终达到提供合适的输出功率、保证太阳能电池使用寿命的目的。

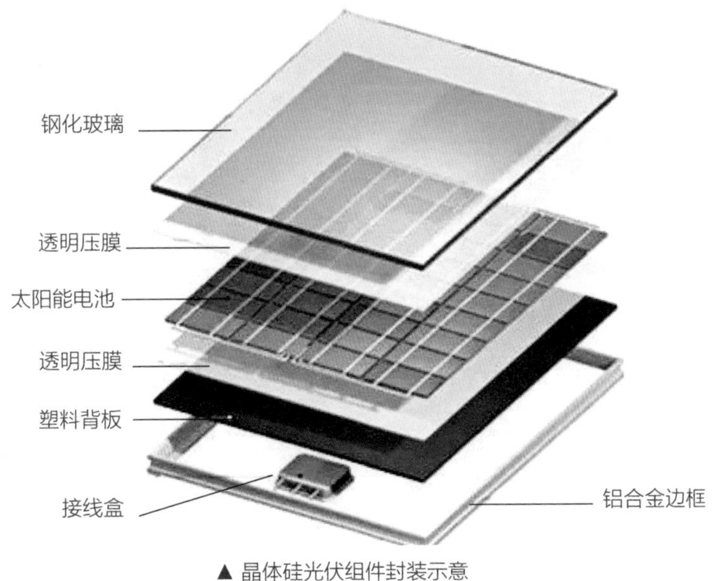

▲ 晶体硅光伏组件封装示意

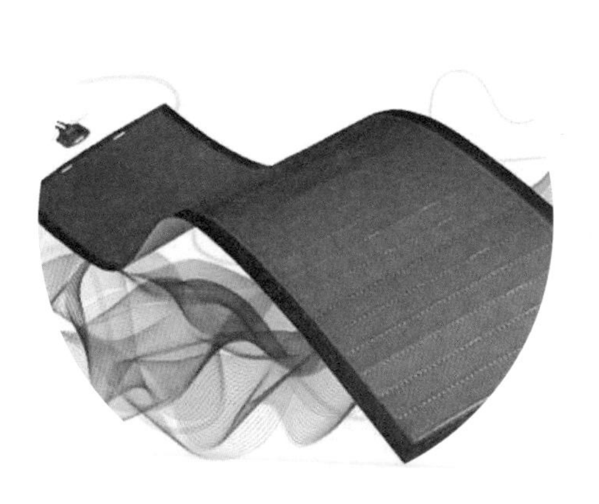

▲ 铜铟镓硒（CIGS）柔性薄膜太阳能电池组件

▲ 柔性薄膜太阳能电池组件，可供野营时照明和电器充电

一种会弯曲的柔性光伏组件将薄膜太阳能电池制作在有机聚合物或者金属箔衬底上，通过合适的封装材料制成柔软、可折叠的组件。这种柔性光伏组件发电性能略低，但应用范围更广，适合用在光伏建筑一体化，以及太阳能充电器、储能灯等各类便携式装置上。

▲ 带有薄膜太阳能电池的背包，可为手机、平板电脑充电

▲ 在北京奥林匹克森林公园已有建筑上铺设薄膜光伏组件，2014年10月，建成光伏一体化建筑。截至2017年5月，累积发电90多万千瓦·时，减排二氧化碳900多吨，节省电费100多万元。（汉能控股集团 提供）

太阳能光伏组件上有灰尘，将会降低发电效率，因此要定期清洁光伏组件。一般采用人工清洗的方式清洁光伏组件。在光伏电站，还常常采用专业清洁车、喷淋系统、高压水枪清洗、压缩空气吹扫、自动清洁装置等方式，以提高清洗效率。

在光伏电站，在工业厂房屋顶上，仅有由太阳能电池构成的光伏组件，不能最大限度地利用太阳能，还需要依靠坚固的“后腰”——光伏支架，才能充分施展发电“魔法”。

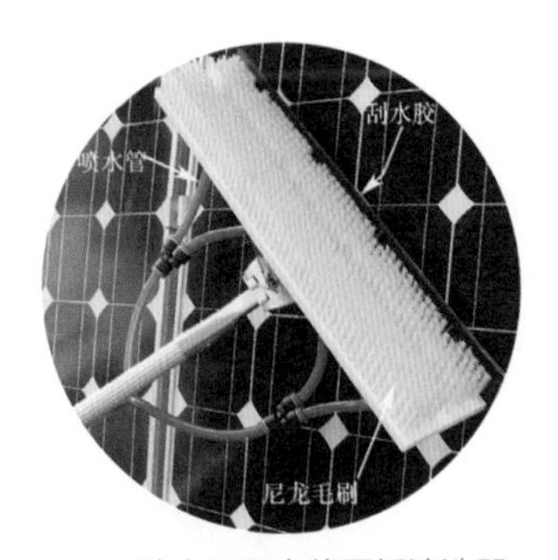

▲ 一种人工用光伏面板清洗器

▲ 光伏面板清洁车

▲ 人工清除光伏面板上的灰尘

▲ 工作中无需用水的光伏面板自动清洁装置

坚固的向阳支撑——光伏支架

光伏支架一般由铝合金、碳钢及不锈钢制成。作为底座支撑光伏组件，它的结构牢固可靠，能承受大气悬浮物污染、雨水侵蚀、暴风骤雪的侵扰。

无论在什么情况下，光伏支架都要保证固定安装在它上面的光伏组件能够提供尽可能大的电力输出。这就取决于光伏支架安装的朝向和安装的角度。目前使用最多的是固定式光伏支架。固定式光伏支架不能随太阳的转动而转动，一般朝向正南，与水平面呈一定角度安装，这个角度一般与当地的纬度大致相当。

▲ 国家风光储输示范工程所建光伏电站位于北纬41°，其中支撑太阳能组件的固定式支架安装角度与水平面呈37°。

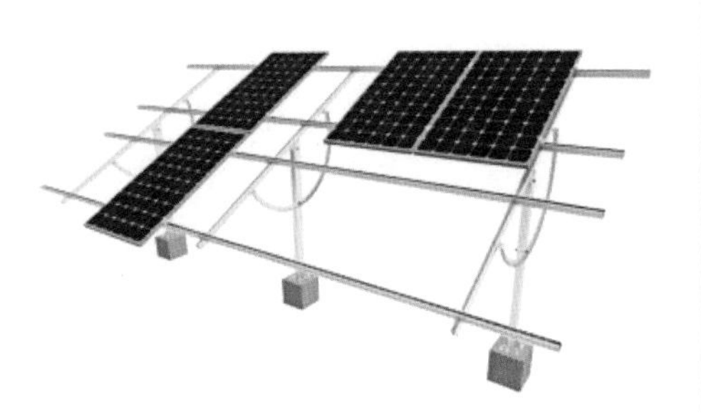

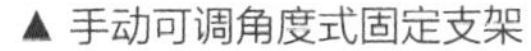

▲ 手动可调角度式固定支架

▲ 电动可调角度式支架

太阳光对光伏组件的入射角会随季节发生变化。在季节交替时，通过调节光伏支架与水平面的角度，让阳光尽量垂直照射到光伏组件上，就可以提高光伏组件的发电效率。因此，工程师们发明了可调角度式支架。这种调节可以手动完成，也可以电动完成。

由于地球的自转，太阳每天升起落下，光照角度时时刻刻都在变化，光伏组件只有时刻正对太阳，太阳能光伏发电设备才会达到最佳状态。为此，带有太阳跟踪功能的光伏支架应运而生。

太阳在天空中的位置需要方位角和高度角两个参数确定。只对其中一个角度进行跟踪的是单轴跟踪，对两个角度都进行跟踪的是双轴跟踪。双轴跟踪支架就像向日葵一样可以时刻保持光伏组件正对太阳，从而提高发电量。但这种支架传动结构复杂，成本高，容易出现故障。单轴跟踪根据支架有无倾角又可分为平单轴跟踪和斜单轴跟踪。与平单轴相比，转动轴倾斜后的斜单轴跟踪可以使太阳光入射方向与光伏组件平面的法线方向更接近。

▲ 时控型平单轴跟踪支架

▲ 时控型双轴跟踪支架

▲ 时控型斜单轴跟踪支架

▲ 光控型斜单轴跟踪支架

▲ 时控型平单轴跟踪支架

▲ 时控型双轴跟踪支架

▲ 时控型联动式斜单轴跟踪支架

太阳方位角

太阳光线在地平面上的投影与目标物的北方向之间的夹角，以目标物的北方向为起始方向，以太阳光的入射方向为终止方向，按顺时针方向所测量的角度。在中国，早上太阳光从东边射来，太阳方位角在90° 左右，中午太阳光从南边射来，太阳方位角在180° 左右，傍晚太阳光从西边射来，太阳方位角在270° 左右。

太阳高度角

太阳光线与地平面之间的夹角，是我们观察太阳时的仰角。由于地球的自转，造成太阳东升西落，太阳高度角在一日内不断发生变化。早晨和黄昏日出日落时，太阳高度角为0，正午太阳位于上中天时，太阳高度角达到最大值，称为正午太阳高度角，太阳直射点处的正午太阳高度角为90° 。其他地方正午太阳高度角的具体数值与当地所处的纬度和太阳直射点处的纬度有关。

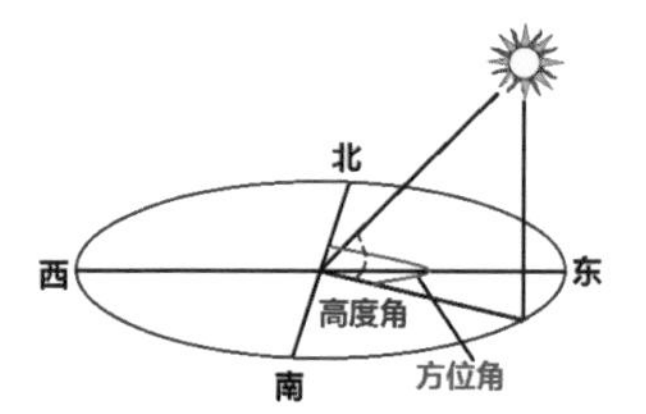

▲ 太阳方位角与太阳高度角

雄伟的能量仪仗——光伏阵列

在太阳能光伏电站中，光伏阵列产生的直流电经过并网逆变器转换成符合电网要求的交流电之后直接接入公共电网，再通过输变电线路和设备，送往用户。

逆变器

把直流电转换成交流电的一种装置。对光伏逆变器，要求转换效率高、使用寿命长和可靠性高。逆变器按运行方式可分为离网型逆变器和并网型逆变器。离网型逆变器用于独立运行的太阳能光伏发电系统，并网型逆变器需要考虑并网后与电网安全运行的兼容性，因此对它的技术要求更高。

▲ 国家风光储示范工程中的光伏阵列，光伏阵列中的“小房子”为逆变器室。

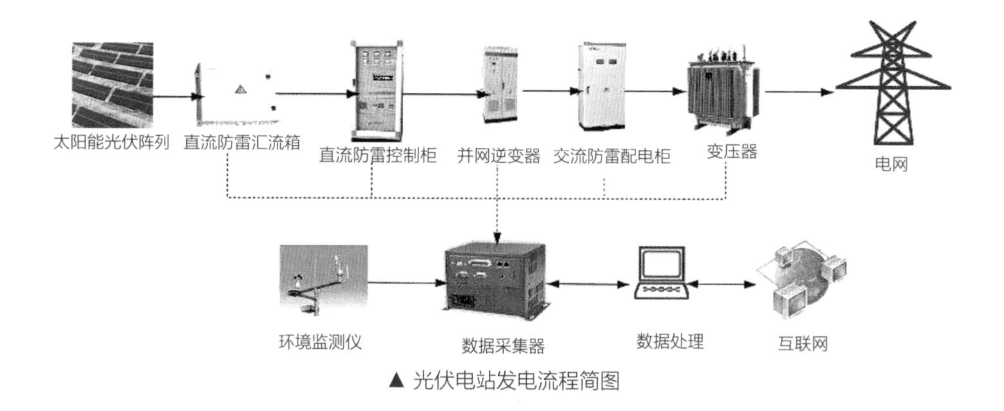

▲ 光伏电站发电流程简图

走近光伏阵列，会发现光伏阵列是由一块块光伏组件通过串并联的方式安装在支架上，并按照一定的规律排列组成的。每个光伏组件都有固定的功率输出，设计人员依照光伏电站建设的容量、用电需求、当地的日照条件和气候因素等条件，计算确定光伏阵列所需要的光伏组件的串联数和并联数。

▲ 一块块光伏组件经过串联、并联组成光伏阵列。

问与答

问题1：光伏面板上有灰尘怎么办?

答：在太阳能光伏电站，根据气候条件、工作人员配置情况和发电成本，可以采用人工清洗、高压水枪清洗、喷淋系统、专业清洗车、压缩空气吹扫等方法去除灰尘。还有一种不用水清洗光伏面板的自动清洁装置，它是利用微细纤维制成的、像掸子一样的清洁工具，使其在太阳能电池板表面旋转，同时还使用吹气的方法来去除沙子。这种清洁方式十分适合用于缺水地区，如沙漠地区的光伏电站。

▲ 人工遥控的光伏组件自动清洁装置

问题2：能否让光伏面板像向日葵一样围绕太阳转动呢?

答：将光伏面板安装在双轴跟踪支架上，就可以使光伏面板像向日葵一样，时刻正对太阳，让光伏发电设备达到最佳工作状态。

问题3：一个4口之家，安装多大容量的光伏发电系统合适呢？

答：家庭用电主要用于照明、电视、电脑、网络、空调、洗衣机、烧水、做饭等，一般每天用电量不会超过10千瓦·时。按每天用电10千瓦·时，1000瓦/米^{2}的太阳辐照强度4小时计算，需要安装功率为2.5千瓦的光伏发电系统，即这个家庭的屋顶光伏发电系统容量为2.5千瓦。

存放自如——储能电池

国家风光储输示范工程设置的化学储能系统，可以储存风力发电、太阳能光伏发电中的一部分电力。这是因为风力发电、太阳能光伏发电具有波动性、不稳定性，配备化学储能系统，可以平滑风电场和光伏电站并入电网的功率输出，减小功率波动对电网安全运行造成的不利影响。

化学储能系统是由什么组成的？电能存储在电池中，会随时间发生什么变化？让我们看看化学储能系统里到底有什么吧。

存储能量的“银行”——化学储能系统

▲ 国家风光储输示范工程化学储能系统厂房外观

一块小小的电池就是一个储能小神器。各种电池容量由小变大、数量由少变多，就形成了化学储能系统，也称作储能电站。化学储能系统像银行一样，吸收存款——存储电能，发放贷款——释放电能。它能够把一段时间内暂时不用的多余电能储存起来，在需要时再提取出来，因此有了它将提高电能的利用效率。

知识链接

电池容量，指在一定条件下（放电率、温度、终止电压等）电池放出的电量，它是衡量电池性能的一项重要指标。电池长期不使用的情况下，储存的电量会慢慢释放而减少。

化学储能系统主要由储能电池组、双向变流器、电池管理系统和就地监控系统构成。

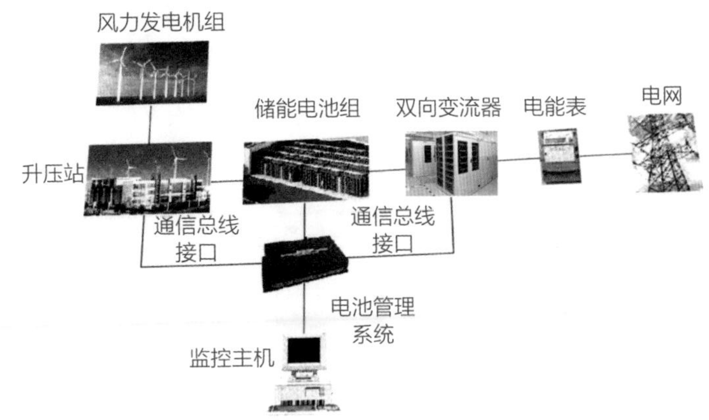

▲ 化学储能系统接入电网构架

单体电池经过容量筛选，通过串并联，构成了标准模块。将标准模块放入电池柜内，接上电缆和通信线路，就构成了储能电池组，同时安装电池管理系统，监测电池组的电压、电流、温度和容量，挑选出有问题的电池，防止电池出现过充电和过放电。

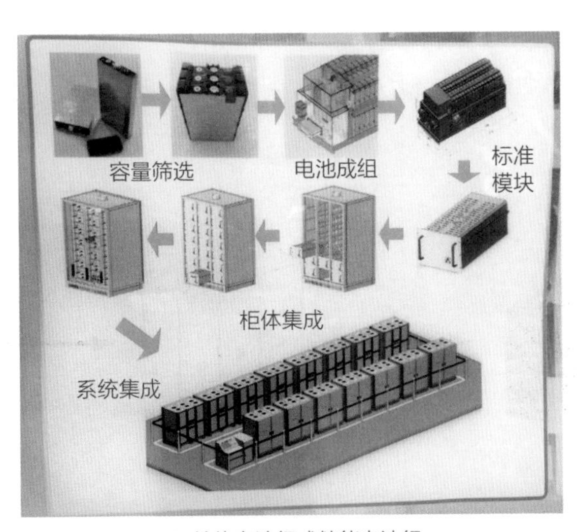

▲ 单体电池组成储能电池组

双向变流器接收电站联合监控主系统或就地监控系统下发的指令，向电网输送电力，并能将设备运行情况上传至电站联合监

控主系统或就地监控系统。

在充电时，通过双向变流器将交流电整流成直流电，为电池充电。

在放电时，储能电池组将电能通过双向变流器将直流电逆变成交流电，随后输送到变电站。

就地监控系统全面监测电池、双向变流器等设备的运行状况，实时采集设备运行状态及工作参数，并可下达命令至电池管理器以及双向变流器。

名词解释

变流器

泛指整流器、逆变器和变频器，是一种使用范围很广的电气设备。整流器用于交流电转变成直流电的场合，如用手机适配器给手机电池充电；逆变器用于直流电转变成交流电的场合；变频器可用于频率变换，一般用于交流电动机的调速系统。

▲ 储能系统中变流器外观图

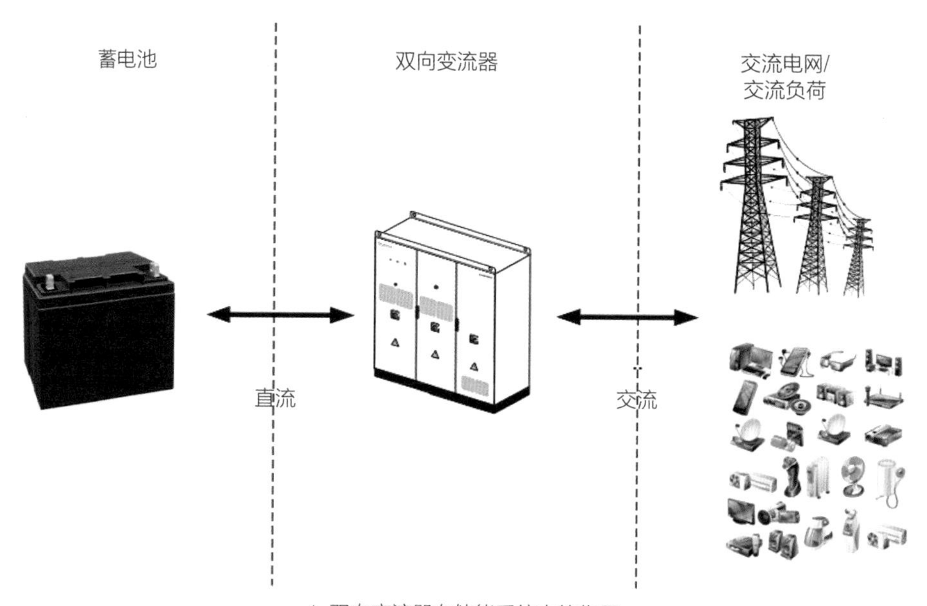

▲ 双向变流器在储能系统中的作用

国家风光储输示范工程中的储能电池种类有锂离子电池、铅酸蓄电池和全钒液流电池，它们是储存电能的“小金库”。让我们揭开它们的“庐山真面目”吧。

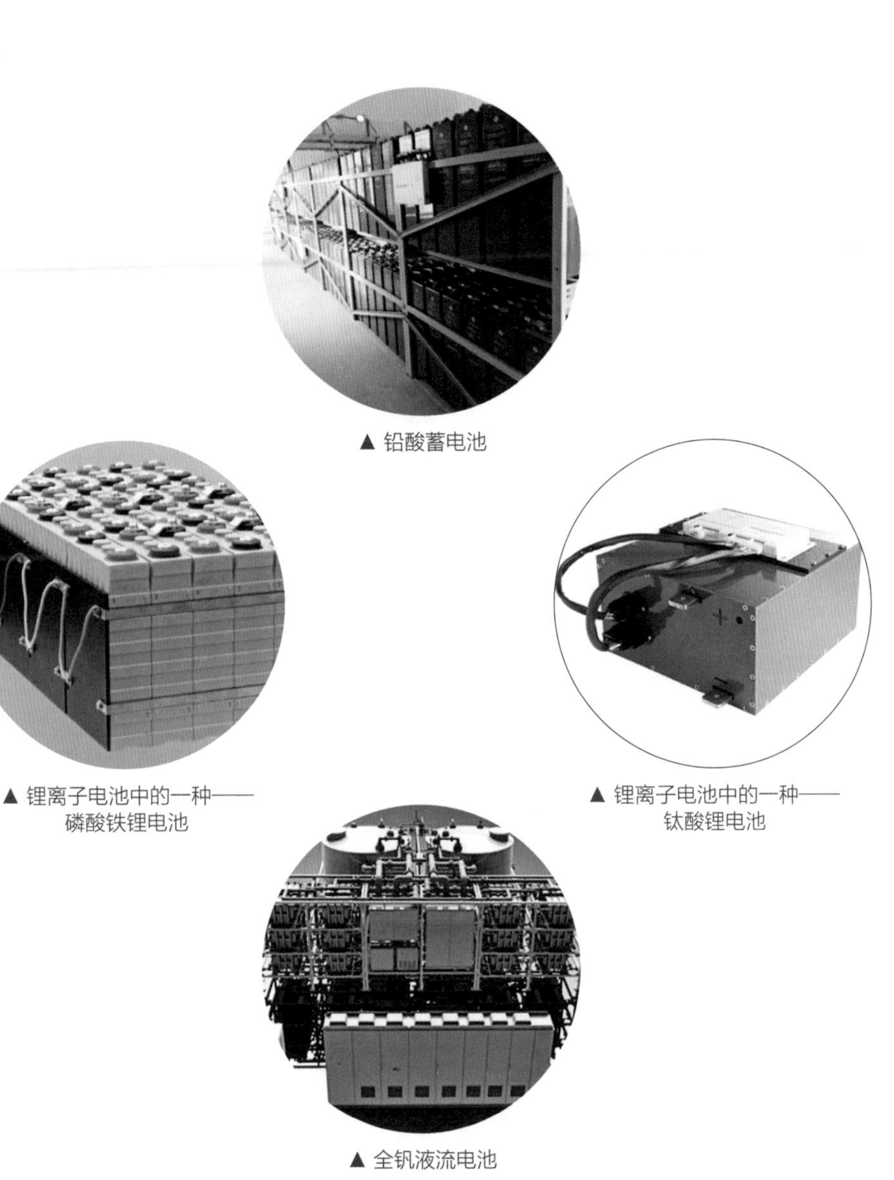

▲ 铅酸蓄电池

▲ 锂离子电池中的一种——磷酸铁锂电池

▲ 锂离子电池中的一种——钛酸锂电池

▲ 全钒液流电池

电池界的新星——磷酸铁锂电池和钛酸锂电池

▲ 锂离子电池充放电原理图，图中正极是钴酸锂，负极是石墨（碳）。

锂离子电池是用含锂元素的化合物作为电池的正极材料，通过锂离子在正负极之间的来回脱出与嵌入，实现充放电的蓄电池。锂离子电池具有较好的安全性和稳定性、较高的能量转换效率，是电池界的“宠儿”。

国家风光储输示范工程的储能系统中使用的锂离子电池是磷酸铁锂电池和钛酸锂电池。

磷酸铁锂电池是用磷酸铁锂（$LiFePO_4$，简称LFP）材料做电池正极的锂离子电池。其内部结构是：磷酸铁锂以橄榄石结构构成电池正极，由铝箔与电池的正极连接；以聚合物作为隔膜在中间将正极与负极隔开，锂离子（Li^+）可以通过而电子（e）不能通过；碳（石墨）构成电池负极，由铜箔与电池的负极连接。电池的上下端之间是电池的电解质，

名词解释

电解质就是溶于水溶液中或在熔融状态下就能够导电（自身电离成阳离子与阴离子）的化合物，可分为强电解质和弱电解质。电解质负责沟通电池内电路，它起到传导电荷，使带电离子在电场作用下，沿电场方向移动的作用。

▲ 储能电站中的磷酸铁锂电池

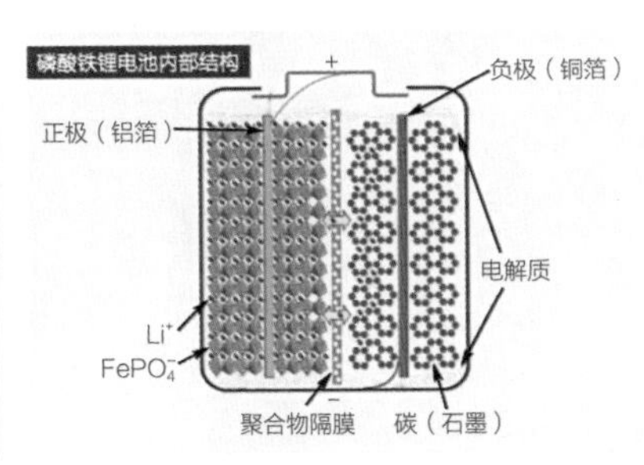

▲ 磷酸铁锂电池内部结构

▲ 储能电站中的钛酸锂电池

电池由金属外壳、铝塑复合膜或塑料壳密闭封装。

钛酸锂电池的正极是磷酸铁锂，负极是钛酸锂。它比负极是碳（石墨）的磷酸铁锂电池安全性更佳。

锂离子电池的发展比较成熟，目前已广泛应用于笔记本电脑、手机、照相机、应急灯等小型便携用电设备上。除了用于风力发电、太阳能光伏发电配套储能系统，它还作为动力电池应用在电动汽车、电动摩托车、电动装卸车等交通运输工具上。

▲ 用作不间断电源（UPS）、应急灯及矿灯的电源

▲ 用作相机、笔记本电脑等的电源

▲ 大型电动公交车

▲ 大型电动装卸车

▲ 使用钛酸锂电池的电动公交车

▲ 大型电动摆渡车

▲ 电动汽车

电池界的“老明星”——铅酸蓄电池

铅酸蓄电池是一种电极主要以铅制成，电解液为硫酸溶液的蓄电池。1859年，法国物理学家加斯顿·普兰特发明了铅酸蓄电池，150多年来作为主要的储能设备，其大致经历了三个发展阶段：

第一个阶段：从铅酸蓄电池的发明到20世纪初期，人们使用的是开口式铅酸蓄电池，它的内部有流动的电解液——硫酸溶液，充电、放电时会析出气体和酸雾。电池中的硫酸溶液在使用和运输过程中容易溢出，污染环境，并具有一定的危险性。

第二个阶段：从20世纪初到20世纪60年代，开口式免维护铅酸蓄电池在一定程度上解决了电池充电失水问题，蓄电池在 3~5 年的使用期限内不需补加水，但蓄电池需要直立安装，充电时仍有少量气体和酸雾溢出。

▲ 开口式铅酸蓄电池

▲ 阀控式铅酸蓄电池

第三个阶段：直到1975年，美国 Gates 公司发明了阀控式蓄电池（VRLA），从根本上解决了100多年来铅酸蓄电池不密封及漏液的问题。阀控式蓄电池充电过程中正极产生的氧气与负极产生的氢气在电池内部迅速反应还原成水，而且采用密封结构，解决了开口式蓄电池有气体和酸雾溢出问题，电池使用寿命及安全性大大提高。

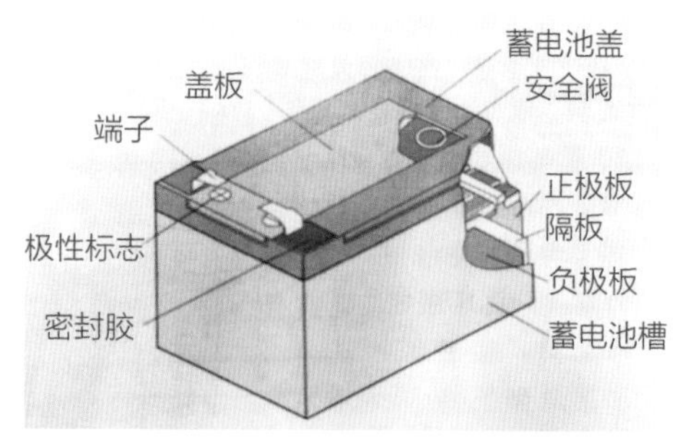

▲ 铅酸蓄电池结构示意图

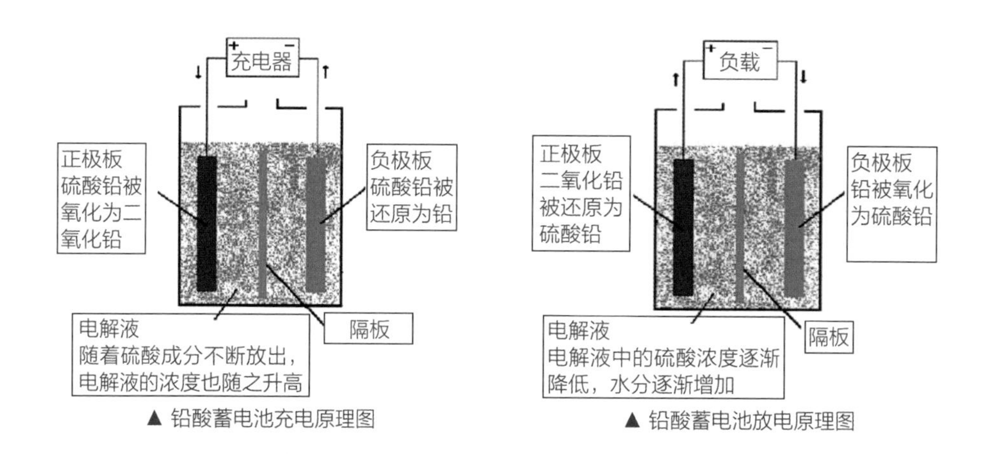

▲ 铅酸蓄电池充电原理图

▲ 铅酸蓄电池放电原理图

铅酸蓄电池的废液含铅、硫酸等对人体和环境有害的物质。目前，一般采用加碱性物质中和方式，或者投加其他能使废液中的有害物质从液体中沉淀出来的处理方式，以达到清除废液中有害物质的目的。

▲ 储能电站中的铅酸蓄电池组外观

全球铅资源主要分布在澳大利亚、北美洲、中国、中亚等国家和地区，因此铅酸蓄电池具有原材料来源丰富、价格低廉、性能优良等优点。通常，铅酸蓄电池作为固定电源和后备电源用于电力行业、通信行业以及不间断电源领域。

▲ 铅酸蓄电池应用于交通行业

在交通行业中，铅酸蓄电池广泛应用于汽车、摩托车、电动汽车以及电动自行车的车载电子设备以及发电机的点火上。

电池界的“大块头”——全钒液流电池

▲ 全钒液流电池外观

与铅酸蓄电池、锂离子电池直接采用活性物质做电极材料不同，全钒液流电池采用惰性电极。在全钒液流电池中，电能以化学能的方式存储在不同价态钒离子的硫酸电解液中，通过外接泵把电解液压入电池堆体内。在泵的压力作用下，电解液在不同的储液罐和半电池的闭合回路中循环流动。采用离子交换膜作为电池组的隔膜，电解液平行流过惰性电极表面并发生电化学反应，通过电极收集和传导电流，使储存在溶液中的化学能转换成电能。在硫酸溶液中，它的负极半电池为正二价和正三价钒离子活性电对（V^{2+}/V^{3+}），正极为正四价和正五价钒离子活性电对（VO^{2+}/VO_2^+）。充电时，正极的正四价VO^{2+}失去电子成为正五价VO_2^+，并产生H^+，电子通过外电路从正极达到负极，负极的

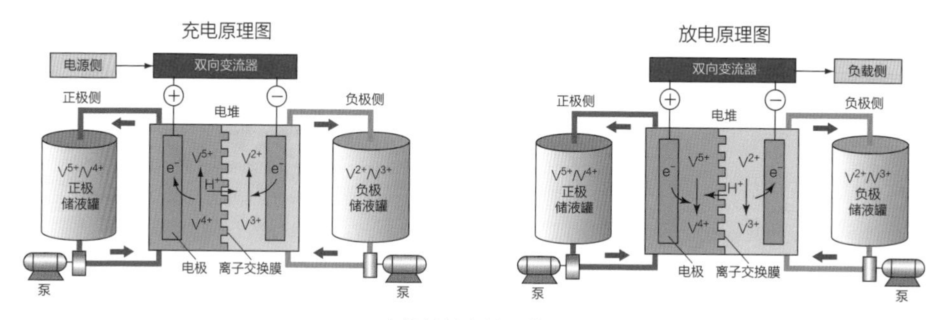

▲ 全钒液流电池工作原理

V^{3+}得到电子成为V^{2+}，H^{+}从正极通过离子交换膜传递电荷到负极形成闭合回路。放电过程与之相反。

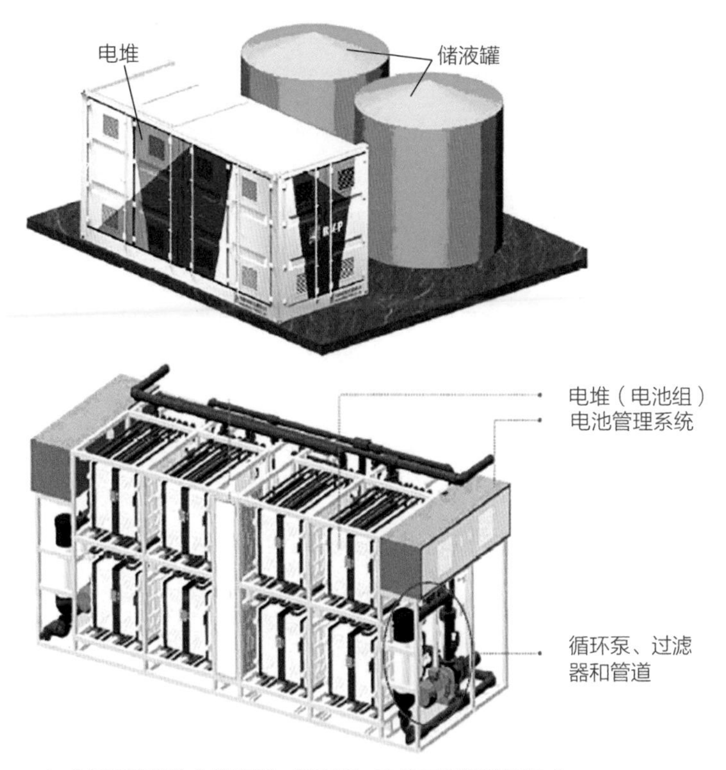

▲ 全钒液流电池由储液罐、循环泵、电堆和各类管路组成

全钒液流电池是电池界的“大块头”，它的能量存储场所与能量交换场所是分开的。它的这种特殊结构，使它具有循环寿命长、可以快速、深度充放电，功率和容量相互独立便于设计，易于调节、维护，电解液可重复循环使用等优势，但它存在环境温度适用范围窄、能量密度不高、占地面积大等问题。

全钒液流电池主要用于大规模储能，尤其可与风力发电、太阳能光伏发电配合，为海岛、偏远地区提供电力，也可用于办公大楼、剧院、医院等不间断电源和应急电源，还可用作计算机房以及一些军事设备的备用电源。

问与答

问题1：为什么要进行大规模储能，它有什么作用呢？

答：风力发电、太阳能光伏发电是清洁、环保的发电方式，但它们都具有波动性、不稳定性，会对电网造成很大的冲击，为了使风力发电、太阳能发电的输出平滑，减少对电网的冲击，配备大规模储能就尤为重要了。另外，电网发展也面临着发电量与用电量不匹配的严峻挑战，例如用电高峰期与用电低谷期量的差值越来越大，这个时候储能可凭借其大容量、快充放的优点将用电低谷期发电厂生产电能的一部分存储起来，等到用电高峰期再将电能释放出来，这样就起到了削峰填谷的作用。因此，有必要继续开展大规模储能的研究和应用。

问题2：储能电池长期不用，里面的电量会随着时间发生变化吗？

答：充电后的储能电池长时间不用，储存的电量会减少，因为储能电池本身存在自放电现象。

问题3：铅酸蓄电池产生的废液是如何处理的？

答：铅酸蓄电池在生产使用过程中会产生含铅、硫酸等对人身和环境造成污染的废液。目前，废液主要通过用碱性物质中和，或将其他化学物质投入废液中，使其与废液发生化学反应形成难溶的固体物质，达到除去废液中的污染物的目的。另外，采用电解的方法处理含铅废液也是一种很有潜力的方法。

索 引

N

P

Q

R

S

T

Z